SCIENCE UNIVERSELLE

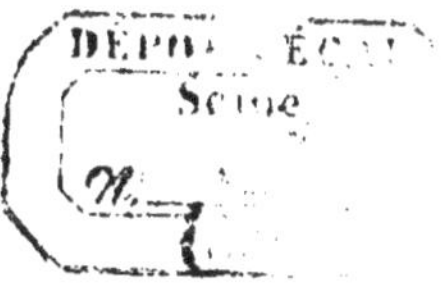

PREMIÈRE PARTIE

D'HISTOIRE NATURELLE

RÉSUMÉ

DES ŒUVRES SCIENTIFIQUES

D'ALEXANDRE

Paraissant en brochures détachées.

On peut s'abonner. au Dépôt, chez M. G. Cartes,

12, rue Royer-Collard, 12.

SCIENCE UNIVERSELLE

PREMIÈRE PARTIE

D'HISTOIRE NATURELLE

CONFÉRENCE PREMIÈRE

PAR

ALEXANDRE

DEUXIÈME ÉDITION

PARIS

IMPRIMÉ PAR CHARLES NOBLET

RUE SOULFFLOT, 18

1869

CONFÉRENCE PREMIÈRE

SUR

LES MARÉES

expliquée d'une nouvelle manière.

---

1. On a donné le nom de *flux* aux eaux lorsqu'elles se soulèvent en se dirigeant de chaque côté de l'équateur vers les deux pôles, et cela, sous formes *spiraliques* à 15 degrés devant et 15 degrés derrière, la lune en dessous et (à peu près) verticale.

2. Les déplacements d'eau proviennent de la pression qu'exerce la lune sur l'atmosphère terrestre, laquelle atmosphère, élastique, pesant sur l'eau, la fait déborder à la fois en trois directions, savoir :

3. D'abord en deux directions, latitudes nord et sud, ou à droite et à gauche de l'équateur et du passage de la lune.

4. La troisième direction est celle où la lune chasse *devant elle* l'eau qui produit alors, au dehors, un flux *longitudinal ;* en ce cas, les ondes des eaux déplacées *fuient* pendant une certaine distance *devant* la lune ; car, la terre se tourne sur son axe pendant cette pression, et fait passer successivement toute son eau sous la *verticale* de la lune.

5. Et, que cette même quantité d'eau, après le passage vertical de la lune, cherche à revenir et à combler le vide factice, ce qui est un phénomène d'équilibre auquel on a donné le nom de *reflux*.

6. Le reflux est moins puissant que le flux; car, il met beaucoup plus de temps à s'accomplir (que le flux qui s'accomplit violemment par sa poussée directe) pour combler le vide fait par la lune.

7. Ces mouvements se font en six heures, ou quatre fois par jour; c'est-à-dire qu'il y a deux flux et deux reflux par jour.

8 Les reflux ont donc aussi trois directions : deux directions latitudinales, des deux pôles vers l'équateur; la troisième, longitudinale, qui suit le sens de la rotation de la terre.

9. Il y a un retard de trois quarts d'heure pour chaque heure et demie par jour, vis à vis de nos montres; cela est dû à ce que nos montres sont divisées en vingt-quatre heures par jour, tandis que la lune se meut plus lentement, ce qui lui fait gagner, à peu près, deux jours sur le temps terrestre et qui fait que les marées n'ont lieu, *à la même heure*, qu'au bout de trente jours.

10. Ceci est aussi cause que les marées sont toujours plus hautes lorsque la lune est plus proche de la terre, sa pression étant alors d'autant plus grande.

11. Cette pression condense souvent aussi les vapeurs dans l'air, et forme, *sous son passage*, pluies, orages ou grands vents, etc., qui sont dus à cette condensation.

12. Pendant les pleines et nouvelles lunes, les marées sont plus grandes (*idem* pour les vents, etc.), s'il y a vapeur d'eau dans l'air, parce qu'alors le soleil joint sa pression à celle de la lune, ce qui cause le déplacement d'un plus grand volume d'eau.

13. De plus, pendant les deux quartiers de lune, le niveau d'eau est moins dérangé, parce que la pression est trop partagée sur la totalité et la surface du globe.

14. Les marées ont lieu *simultanément* et en sens *diamétralement opposé* sur les deux hémisphères à cause de cette pression en avant le ce chasse-eau) de la lune.

15. Les marées ainsi opposées ont une durée, une marche et une force inégales ; cela est dû aux continents ou configurations de terre ferme qui *interrompent* cette régularité mécanique par leurs étendues latitudinales d'un pôle vers l'autre, d'où il résulte que, pendant le temps que met la lune pour passer sur la terre, l'eau n'est point incommode et qu'elle s'arrête en certains endroits.

16. Les petites marées solaires sont dues à ce que la pression du soleil est moindre que celle de la lune. Aussi les marées ont-elles lieu à midi et à minuit, heures de son passage sur le méridien.

17. Les reflux solaires ont lieu à dix heures du matin et à dix heures du soir.

18. Ces marées obéissent à une autre loi de temps, de mouvement et de pression que les marées lunaires.

19. *Deux fois* par mois, les deux sortes de marée se réunissent en une *seule et même* marée, par la pression simultanée du soleil et de la lune, qui vont dans une même direction.

20. Cela a lieu aux syzygies (voir pleine et nouvelle lune, art. 11).

21. La terre, se tournant (sur son axe) du coucher au lever, ou de l'occident à l'orient, pousse donc, devant elle, les eaux, la lune servant de pression ; la même chose a lieu dans une presse lithographique, où la pierre s'avance tandis qu'un cylindre, tout en marchant, *presse* entre eux deux l'encre d'impression.

22. Or, le plus haut point d'eau est donc *en avant* de la verticale de la lune ; et cela, quelquefois, jusqu'à 15 degrés (375 lieues) de distance.

23. Les marées sont plus fortes vers les pôles. Les plus fortes sont au pôle nord pour des raisons que nous avons traitées dans notre géographie, où il est dit que le rayon de l'hémisphère nord est plus grand, plus allongé que celui de l'hémisphère sud.

24. Les plus hautes élévations de l'eau sont donc derrière la lune, c'est-à-dire qu'elles ont lieu *après* son passage vertical.

25. Les plus hautes marées de l'année ont lieu aux deux équi-

noxes (de printemps et d'automne), soit au 21 mars et au 21 septembre environ de chaque année, parce que la balance est établie entre les pressions de latitude.

26. La diversité de configuration des terrains et des profondeurs de l'eau, etc., donnent, dans ces diverses localités, des inégalités de temps et de hauteur aux marées.

27. Réflexion.

La cause principale des marées est bien la pression lunaire, seulement il faut expliquer de quelle façon cela se passe.

28. La lune et la terre ont un centre commun de gravité (à environ 3,000 lieues au-dessus de la surface terrestre), et les deux corps sont obligés de tourner autour de ce point commun, tout en avançant dans l'espace, dans la direction de l'orbe terrestre.

29. Cet axe de gravité commun fait donc, dans l'espace, des zigzags ou des ondes ayant la forme de tire-bouchon.

30. Or, l'axe terrestre fait un grand balancement dans l'espace en décrivant un cercle chaque mois. Ce cercle ou nouvel orbite a ses quatre phases à part qui se font, non comme la marche lunaire en longitudes, mais bien en deux inclinaisons latitudinales, et font abaisser par là l'orbite lunaire, mais seulement en apparence, car, en réalité, c'est l'axe terrestre qui s'abaisse.

31. Cet abaissement de l'axe terrestre amène des phénomènes innombrables dont nous ne citerons que quelques-uns ; par exemple, le déplacement des eaux des pôles vers l'équateur est dû à cet abaissement de l'axe terrestre.

32. Les éclipses proprement dites sont dues aussi à l'abaissement et l'élévation de l'axe terrestre.

33. Cela a lieu en 28 jours. Donc, tous les 28 jours, la terre a fait une année de quatre saisons de 7 jours chacune pour les deux pôles ; ces saisons ont leurs produits innombrables en non moindre proportion de visibilité que l'année de 12 mois.

34. Le balancement d'axe (par mois) devient de moins en moins sensible vers l'équateur.

35. Aussi les marées varient en hauteur pendant 8 jours et dé-

clinent pendant 8 autres jours, ce qui représente pour la lune les équinoxes et les solstices, de même que la grande année a les siens pour la terre.

36. Aussi, plantes et animaux, pluies et orages, lumières et ténèbres, chauds et froids, sont assujettis à cette année lunaire.

37. La rapidité des atomes de l'atmosphère solaire est de 56,000 mètres par seconde.

38. Quelle serait cette pression ou pesanteur appelée aussi force centripète atmosphérique ?

39. REMARQUE. — Il ne faut jamais oublier que la force *centrifuge* de chaque corps ou planète de l'univers devient force *centripète* pour les corps qui l'environnent.

La force centrifuge, c'est l'expansion qui se fait toujours au détriment de l'espace ou corps environnant. La force centripète, c'est la compression qui donne liberté et espace aux corps environnants.

40. Cette rapidité (art. 20) des atomes solaires (pris au 1/30 de ceux de l'air terrestre) équivaut à 1 kil. et demi de pression sur 1 cent. carré.

41. Or, la terre, ne parcourant, dans sa rotation, que 400 mètres par seconde, n'aurait donc que 11 grammes de force expansive ou centrifuge, ou force résistante, à opposer à cette pression solaire.

42. La vitesse de la translation orbitale de la terre est de 28,000 mètres par seconde, c'est-à-dire la moitié de celle de la rotation solaire. (Voir art. 37.)

43, 44. Cette moitié de forces (par translation) agit en deux sens opposés, savoir : le côté que la terre, pendant sa marche présente en avant dans son mouvement d'orbite aurait une pression ou force *condensante* à subir, tandis que l'arrière aurait à subir une force expansive ou centrifuge (inclinée).

45. Lorsque la terre traverse dans l'espace les diverses atmosphères, elle rencontre comme obstacles d'autres corps célestes contre lesquels elle a à lutter; ce que l'on est convenu d'appeler : « perturbation. »

(Voir art. 37 et 42). Remarque :

Les deux forces qui agissent sont aussi la raison de ces deux phénomènes : pulsation et respiration, en temps et forces inégaux.

Par ces mêmes raisons, la vitesse de la pensée d'un habitant solaire serait donc 140 fois plus rapide que la nôtre ! !

46. Or, notre terre, traversant les diverses couches atmosphériques plus ou moins denses que notre air, rencontre tantôt un obstacle, tantôt un plus grand vide dans son cercle de parcours, et les êtres animés de la terre subissent à leur tour les effets de ces divers relâchements.

47. Ce sont ces diverses densités dans l'espace, rencontrées par les planètes dans leur parcours, qui changent les plans des orbites, et contribuent en partie à l'allongement de ces mêmes orbes qui, dans leur état normal, devaient être circulaires.

48. La terre, se mouvant inclinée dans son orbe annuel, occasionne une *pression inclinée* ou condensation atmosphérique, à cause de cette pression de l'atmosphère terrestre contre l'atmosphère solaire.

49. Cette condensation atmosphérique donne un mouvement spiralique d'air (vent) du pôle vers l'équateur, et cela pour chacun des hémisphères qui se présentent alternativement au soleil.

50. C'est donc de cette combinaison de mouvements de translation et de rotation de l'axe terrestre et de son inclinaison que proviennent les marées appelées marées solaires.

CAUSES DE L'HUMIDITÉ, DES NUAGES, NEIGES, PLUIES, GRÊLES, ETC.

(CAUSES DE LA FORCE DES MACHINES A VAPEUR.)

51. Pourquoi l'eau peut-elle s'accumuler dans l'air?

52. L'eau s'accumule dans l'air parce qu'elle y monte, très-divisée, sous forme de vapeur, qui est beaucoup plus divisée et plus légère que l'air.

53. De plus, l'air peut se saturer d'un corps d'une autre nature que la sienne, et recevoir ainsi un grand nombre de corps étrangers dans son composé, qui, par chaque mouvement de compression ou par d'autres causes, se précipitent ou se condensent, et se dégagent de son composé normal.

54. Nous avons dit (art. 40) que l'air est un obstacle de 3 livres 1 k. 1/2) par centimètre carré. Or, en vertu de cet obstacle, il faut que la pression de la vapeur soit de 2 k. 1/2 par centimètre carré pour produire 1 kil. de force (brute), puisqu'elle a une force morte de 1 kil. 1|2 à vaincre.

55. Examinons ces phénomènes.

La vapeur chauffée à 100 degrés centigrades vaut 1,800 fois (environ) le volume d'eau; donc, 1 centimètre cube d'eau donne 1,800 centimètres cubes de vapeur.

56. L'air pèse 750 fois moins que l'eau,

57. La vapeur, 1,800 moins que l'eau ;

58. Il faut donc déduire la pression d'air de 750 de la force de 1,800 ; il resterait environ 1,000, qu'aurait produit une pression de vapeur chauffée à 100 degrés centigrades.

59. La force de la vapeur serait donc de 1,000 grammes ou de 1 kilogramme par centimètre carré de surface et cela par seconde.

60. Mais, les proportions de ces lois physiques ne sont applicables que dans une température (extérieure) d'atmosphère de 4 degrés centigrades.

61. Transportons le phénomène dans une température plus élevée et voyons ce qui se passera alors.

REMARQUE. — La respiration est un phénomène sec, tandis que la pulsation est due à un agent humide qui provient de vapeurs intérieures s'échappant par leurs forces supérieures, et qui, à cause de leur état divisé, passent au travers des pores et des ouvertures du corps.

62. Nous savons qu'un *vide*, produit dans une condition favorable, donne une chaleur de 33 degrés centigrades environ.

63. La force de la vapeur est basée sur le vide occasionné par l'extension de l'eau.

64. Reste à démontrer à qui cette chaleur de 33 degrés centigrades restera acquise, si elle est au bénéfice de l'air atmosphérique environnant, en le dilatant et en détruisant ainsi sa pesanteur, ou bien si cette même dilatation atmosphérique exerce, au contraire, une pression de plus sur le passage de cette vapeur qui cherche à s'élever en l'air.

65. Les deux pôles de la terre.

Commençons par examiner ce qui se passe aux pôles, à mesure que l'on s'éloigne de l'équateur et que l'on approche de l'axe terrestre.

66. Plus l'air est chauffé, plus il se dilate, plus il devient volumineux et léger, donc moins dense.

67. Selon cette loi, l'air doit donc être *très-dense* et *très-bas* aux pôles, et doit être presque zéro à l'axe même.

68. Or, la chaleur est un effet du frottement entre les molécules atmosphériques provenant de la force centrifuge terrestre et de la force centripète solaire.

69. Il en résulte que, comme ce frottement est presque zéro aux pôles, l'air doit y être fort peu élevé, mais très-matériel.

70. Lorsque le manque de chaleur autour d'un cercle (tel que les cercles polaires) fait geler l'eau, il s'ensuit que, par cette congélation, l'eau salée abandonne tous ses sels ; la glace est donc alors de l'eau douce à l'état solide.

71. Ces sels ainsi rejetés vers un milieu, centre ou foyer (puisque c'est un cercle qui est gelé), ces sels, dis-je, se massent, deviennent très-denses, spécifiquement plus lourds que l'eau et ils se précipitent au fond.

72. L'eau ainsi dépouillée de ses sels constitue une eau *fade* (fétide), semblable à une eau de marécages, chargée d'huile et de goudron, qui est prête à fermenter et à produire une série de composés géologiques résineux, tels qu'asphalte , charbon de terre, etc., etc.

73. C'est une eau, entre l'eau salée et l'eau douce, qui engendre d'innombrables espèces d'animaux dans leurs formes primitives, des monstres bizarres de toutes sortes, qui portent en eux le principe futur de tous les animaux perfectionnés, à travers les siècles, tels que nous les voyons aujourd'hui, y compris l'homme.

74. C'est là le sein où s'engendrent les êtres que l'on se plaît à appeler ANTÉDILUVIENS, parce que l'on n'a pas encore pu surprendre la nature sur le fait. C'est là le réservoir providentiel qui remédie à l'extinction des races supposées éteintes et qui les fait renaître chaque jour à leur état primitif !

75. Des êtres *glutineux* reçoivent l'étincelle vitale des courants électriques sous-marins, des pôles électro-négatifs de cette grande bobine terrestre appelée globe.

76. La terre a la forme d'un œuf ou d'une espèce de poire, dont la queue est au pôle nord et l'autre extrémité au pôle sud.

77. Le sud est le pôle positif du globe.

78. Aussi, les deux genres d'êtres primitifs ne se ressemblent-ils pas, ni dans leurs mœurs, ni dans leurs formes ; ils vivent à ces deux extrémités opposées de la terre.

79. Or, nous avons dit qu'il y a progrès à chaque côté d'un pôle et rétrogradation (d'espèces et de végétaux) par la congélation au côté opposé de chaque pôle.

80. En vertu de cette loi *muable* du sol et du climat, ces êtres arrivent, par degrés, sous le rayon vertical du soleil et alors ils se régénèrent et se perfectionnent.

81. Or, l'axe changeant, sa masse se déplace avec lui ; car, la masse est plus grande sous l'équateur qu'aux pôles.

82. Il en résulte que le centre de gravité magnétique suit toujours la masse terrestre, et avec lui, ses courants électriques qui donnent la vie.

83. Considération finale :

L'on voit ici qu'aux pôles, la force centripète agit en sens opposé de la force centrifuge de l'équateur, et produit par cela même deux phénomènes de vie, de nature et de forme opposées.

(La suite à la prochaine brochure.)

Imprimé par Charles Noblet, rue Soufflot, 18.